● 浙江生物多样性保护研究系列 ●

Biodiversity Conservation Research Series in Zhejiang, China

华东地区
常见蝴蝶野外识别手册

Field Identification Handbook of Common Butterflies in East China

刘萌萌　李泽建　马方舟　著

U0306544

中国农业科学技术出版社

China Agricultural Science and Technology Press

图书在版编目（CIP）数据

华东地区常见蝴蝶野外识别手册 / 刘萌萌，李泽建，马方舟著 . -- 北京：中国农业科学技术出版社，2022.5
ISBN 978-7-5116-5740-4

Ⅰ . ①华… Ⅱ . ①刘… ②李… ③马… Ⅲ . ①蝶 - 识别 - 华东地区 - 手册 Ⅳ . ① Q969.42-62

中国版本图书馆 CIP 数据核字（2022）第 067203 号

责任编辑	张志花
责任校对	李向荣
责任印制	姜义伟　王思文

出 版 者　中国农业科学技术出版社
　　　　　北京市中关村南大街 12 号　邮编：100081
电　　话　（010）82106636（编辑室）（010）82109702（发行部）
　　　　　（010）82109709（读者服务部）
传　　真　（010）82106631
网　　址　http://www.CASTP.cn
经 销 者　各地新华书店
印 刷 者　北京科信印刷有限公司
开　　本　185 mm×260 mm　1/16
印　　张　19.25
字　　数　250 千字
版　　次　2022 年 5 月第 1 版　2022 年 5 月第 1 次印刷
定　　价　188.00 元

Biodiversity Conservation Research Series in Zhejiang, China

Field Identification Handbook of Common Butterflies in East China

Compiled by Liu Mengmeng, Li Zejian, Ma Fangzhou

China Agricultural Science and Technology Press

《华东地区常见蝴蝶野外识别手册》

名誉顾问：

童雪松

顾 问：

张雅林　武春生　王　敏　诸立新　范骁凌　贾凤海
尚素琴　袁向群

著 者：

刘萌萌　李泽建　马方舟

标本拍摄：

李泽建　刘萌萌

生态摄影：

李泽建　杨嬰傲　刘萌萌　王军峰　姬婷婷　陈小荣
李美琴　朱志成　王　丹　蒋燕锋　徐　必　戴海英
吴友贵　叶珍林　谢建秋　刘胜龙　刘玲娟　吴家连
周荣飞

前　言
PREFACE

　　《华东地区常见蝴蝶野外识别手册》一书是作者及团队成员经过近 4 年
（2018—2022 年）对蝴蝶资源的详细调查而著成的一部科普性较强、可读
性较强的蝴蝶著作。本书是继李泽建博士领衔的丽水市生物多样性保护与资
源创新研究团队出版的《浙江天目山蝴蝶图鉴》《百山祖国家公园蝴蝶图鉴
（第 I 卷）》两部著作之后，纳入浙江生物多样性保护研究系列卷册中的第三部
蝴蝶著作。本书以百山祖国家公园范围内蝴蝶物种为研究基础，兼顾华东地区
常见的蝴蝶物种，图片内容十分丰富，累计图片 1 000 张。本手册方便野外
携带，易于翻阅，图片精美高清，为大中专高校院所学生野外昆虫学实习提供
了详细参考，也为广大蝴蝶爱好者提供了一部精美的蝴蝶科普著作。

　　《华东地区常见蝴蝶野外识别手册》一书得以顺利出版得到了百山祖国家
公园科学研究项目（立项编号：2021KFLY08）的资金资助。本书分为总论
与各论两个部分。目前，本书采用中国蝴蝶 5 科分类系统进行编排，共记录蝴
蝶 5 科 115 属 204 种。由于著者水平有限，书中难免存在不足，敬请广大蝴
蝶研究人员与蝴蝶爱好者不吝赐教与斧正。

著　者
2022 年 1 月

目 录
CONTENTS

第一章

总 论

蝴蝶隶属于动物界 Animalia 节肢动物门 Arthropoda 昆虫纲 Insecta 鳞翅目 Lepidoptera 有喙亚目 Glossata 双孔次亚目 Ditrysia，全世界已记录 2 万种，中国已记录 2 100 余种，本书记录 5 科 115 属 204 种。

蝴蝶，统称为蝶类，与蛾类的主要区别在于：①几乎所有的蝴蝶均白天活动（除南美分布的喜蝶科 Hedylidae 外）；②蝴蝶栖息静止时的状态通常呈直立状（图 1~图 3），但也有水平状（图 4~图 6）、飞机状（图 7、图 8）等；③几乎所有蝴蝶的触角端部不同程度膨大（除南美分布的喜蝶科 Hedylidae 的触角呈丝状外）；④蝴蝶的蛹为悬蛹，通常无茧。而蛾类：①大多数蛾类均在夜间活动，少数蛾类在白天活动；②蛾类栖息静止时通常呈屋脊状，但也有水平状、直立状等；③蛾类的触角多样，有羽状、丝状、栉齿状或特殊的形状；④蛾类的蛹为被蛹，通常有网茧。

蝴蝶具有头部、胸部和腹部三个体段。头部具有一对触角、一对复眼和虹吸式口器；胸部由前胸、中胸和后胸三个体节构成；中后胸各具一对翅膀，前翅与后翅的大小与形态稍有所不同；腹部是生殖与代谢的中心，由 10 节左右组成，外生殖器的结构是鉴别近缘种的主要依据。

图 1　点玄灰蝶　浙江天目山　2018-05-24

图 2　宽带青凤蝶　浙江长潭水库　2018-06-17

图 3　忘忧尾蛱蝶　浙江凤阳山　2019-08-04

图 4　素饰蛱蝶　浙江凤阳山　2017-07-20

图 5　电蛱蝶　浙江天目山　2017-05-17

图 6 黄帅蛱蝶 浙江凤阳山 2018-07-08

图 7 透斑赭弄蝶 浙江天目山 2018-05-28

图 8 黑豹弄蝶 浙江凤阳山 2017-07-03

蝴蝶是全变态类昆虫，其一生要经过卵、幼虫、蛹和成虫 4 个阶段。通常在林区、公园、草原、菜地、溪边等区域，均可见到蝴蝶的踪迹。通常，可以通过开花的蜜粉源植物（图 9- 图 12）、腐烂的水果（图 13）、有粪便尿迹（图 14、图 15）的地方、腐殖质（图 16）、动物尸体处、有树干汁液（图 17）流出的地方、岩壁流水处（图 18- 图 21）等看到更多种类的蝴蝶物种。它们具有群集性（图 22、图 23），营有性生殖方式繁育后代，雌雄交配见图 24- 图 27。

按照目前国际上流行的鳞翅目分类系统，将中国的蝴蝶物种分为 1 总科（凤蝶总科 Papipionoidea）5 科（凤蝶科 Papilionidae、粉蝶科 Pieridae、蛱蝶科 Nymphalidae、灰蝶科 Lycaenidae 和弄蝶科 Hesperiidae）。本书采用此分类系统进行编排。

图 9　黑纹粉蝶　浙江天目山　2017-05-26

图 10　金凤蝶　浙江凤阳山　2018-06-15

图 11 黎氏刺胫弄蝶 浙江烂泥湖林区

图 12 银豹蛱蝶 浙江凤阳山 2018-06-15

图 13　明带翠蛱蝶　浙江天目山　2016-06-23

图 14　阿环蛱蝶、六点带蛱蝶　浙江九龙山　2019-05-25

图 15　忘忧尾蛱蝶、二尾蛱蝶　浙江凤阳山　2019-08-04

图 16　白斑眼蝶　浙江凤阳山　2019-08-02

图 17　大紫蛱蝶　浙江凤阳山　2017-07-20

图 18　蓝凤蝶　浙江凤阳山　2019-08-07

图 19　琉璃灰蝶　浙江凤阳山　2019-07-28

图 20 艳妇斑粉蝶 浙江凤阳山 2019-07-30

图 21 中华锯灰蝶 浙江天目山 2019-04-13

图 22 琉璃灰蝶、锯灰蝶、中华锯灰蝶、峦太锯灰蝶 浙江凤阳山 2020-03-25

图 23 折线蛱蝶、霭菲蛱蝶、六点带蛱蝶，等 浙江九龙山 2019-05-25

图 24　蓝灰蝶　浙江天目山　2018-05-26

图 25　绿带翠凤蝶　浙江天目山　2017-04-29

图 26　苎麻珍蝶　浙江凤阳山　2017-08-12

图 27　酢浆灰蝶　浙江天目山　2017-08-16

第二章

各 论

一、凤蝶科 Papilionidae

【鉴别特征】成虫体型多数大型，较少数为中型；色彩鲜艳，底色多黑、黄、白，有蓝、绿、红等颜色的斑纹；后翅通常具一尾突；前足胫节有 1 个前胫突；后翅 2A 脉伸达后缘。幼虫前胸有一"Y"形翻缩腺。世界已知 570 余种，中国记载 130 余种，本书记载 8 属 24 种。

【分　　布】全国。

【寄主植物】马兜铃科 Aristolochiaceae、景天科 Crassulaceae、樟科 Lauraceae、罂粟科 Papaveraceae、芸香科 Rutaceae、伞形花科 Umbelliferae 等。

1. 金裳凤蝶 *Troides aeacus* (C. & R. Felder, 1860)
2. 灰绒麝凤蝶 *Byasa mencius* (C. & R. Felder, 1862)
3. 红珠凤蝶 *Pachliopta aristoloxhiae* (Fabricius, 1775)
4. 美姝凤蝶 *Papilio macilentus* Janson, 1877
5. 碧凤蝶 *Papilio bianor* Cramer, 1777
6. 金凤蝶 *Papilio machaon* Linnaeus, 1758
7. 蓝凤蝶 *Papilio protenor* Cramer, 1775
8. 美凤蝶 *Papilio memnon* Linnaeus, 1758
9. 穹翠凤蝶 *Papilio dialis* (Leech, 1893)
10. 柑橘凤蝶 *Papilio xuthus* Linnaeus, 1767
11. 绿带翠凤蝶 *Papilio maackii* Ménétriès, 1859
12. 巴黎翠凤蝶 *Papilio paris* Linnaeus, 1758
13. 玉带凤蝶 *Papilio polytes* Linnaeus, 1758
14. 宽带凤蝶 *Papilio nephelus* Boisduval, 1836
15. 玉斑凤蝶 *Papilio helenus* Linnaeus, 1758
16. 小黑斑凤蝶 *Papilio epycides* Hewitson, 1864
17. 宽尾凤蝶 *Papilio elwesi* Leech, 1889
18. 青凤蝶 *Graphium sarpedon* (Linnaeus, 1758)
19. 黎氏青凤蝶 *Graphium leechi* (Rothschild, 1895)
20. 宽带青凤蝶 *Graphium cloanthus* (Westwood, 1845)
21. 升天剑凤蝶 *Pazala euroa* (Leech, [1893])
22. 四川剑凤蝶 *Pazala sichuanica* Koiwaya, 1993
23. 丝带凤蝶 *Sericinus montelus* Gray, 1852
24. 冰清绢蝶 *Parnassius citrinarius* Motschulsky, 1866

1 金裳凤蝶
Troides aeacus (C. & R. Felder, 1860)

♂正

♂反

1cm

浙江凤阳山 2017-07-01

♂正

♂反

1cm

浙江凤阳山 2019-05-12

2 灰绒麝凤蝶
Byasa mencius (C. & R. Felder, 1862)

♂正　　♂反

1cm

浙江天目山　2018-06-10

♂正　　♂反

1cm

浙江四明山　2018-07-24

♂正

♂反

1cm

浙江天目山 2019-05-05

浙江凤阳山 2018-04-24

3 红珠凤蝶

Pachliopta aristoloxhiae (Fabricius, 1775)

♂正　　　　♂反

|← 1cm →|

浙江凤阳山　2019-04-27

♂正　　　　♂反

|← 1cm →|

浙江谷甫村　2021-09-15

4 美姝凤蝶

Papilio macilentus Janson, 1877

♂正 ♂反

1cm

浙江天目山 2017-07-11

浙江台州 2017-08-30

5　碧凤蝶
Papilio bianor Cramer, 1777

♀正　　　　　　　　♀反

1cm

浙江四明山　2018-07-02

♂正　　　　　　　　♂反

1cm

浙江天目山　2019-04-25

♂正 ♂反

1cm

浙江谷甫村 2021-09-15

浙江凤阳山 2019-08-07

6

金凤蝶
Papilio machaon **Linnaeus, 1758**

♀正　　　　　　　♀反

1cm

浙江烂泥湖　2019-08-23

♂正　　　　　　　♂反

1cm

浙江凤阳山　2018-06-15

7 蓝凤蝶
Papilio protenor Cramer, 1775

♀正　　　♀反

1cm

浙江四明山　2018-07-02

♀正　　　♀反

1cm

浙江天目山　2021-05-02

♀正

♀反

1cm

浙江坑口村　2021-09-17

♂正

♂反

1cm

浙江天目山　2019-05-03

8 美凤蝶

Papilio memnon Linnaeus, 1758

♀正

♀反

1cm

浙江九龙山　2017-08-27

♂正

♂反

1cm

浙江凤阳山　2019-08-17

9 穹翠凤蝶
Papilio dialis (Leech, 1893)

♂ 正

♂ 反

1cm

浙江天目山　2018-07-11

♂ 正

♂ 反

1cm

浙江白云森林公园　2017-08-04

10 柑橘凤蝶

Papilio xuthus Linnaeus, 1767

♂正

♂反

1cm

浙江四明山　2018-08-23

♂正

♂反

1cm

浙江四明山　2018-06-03

11 绿带翠凤蝶
Papilio maackii Ménétriès, 1859

♀正　　　　　♀反

1cm

浙江四明山　2018-07-23

♂正　　　　　♂反

1cm

浙江天目山　2017-05-29

♂正　　　　♂反

1cm

浙江天目山　2017-07-27

♂正　　　　♂反

1cm

浙江青田坑　2022-03-17

♂正　　　♂反

1cm

浙江天目山　2018-09-05

浙江天目山　2019-04-20

12 巴黎翠凤蝶

Papilio paris Linnaeus, 1758

♀正

♀反

|⊢1cm⊣|

浙江凤阳山　2018-09-09

♂正

♂反

|⊢1cm⊣|

浙江谷甫村　2021-09-15

♂ 正　　　　♂ 反

1cm

浙江凤阳山　2021-09-16

浙江乌岩岭　2019-06-29

13 玉带凤蝶

Papilio polytes Linnaeus, 1758

♀正　　　♀反

1cm

浙江牛头山　2021-09-16

♂正　　　♂反

1cm

浙江牛头山　2018-09-18

14 宽带凤蝶

Papilio nephelus Boisduval, 1836

♀正　　　♀反

1cm

浙江凤阳山　2019-06-24

♂正　　　♂反

1cm

浙江谷甫村　2021-09-15

15 玉斑凤蝶

Papilio helenus **Linnaeus, 1758**

♀正　　　　　　　　♀反

1cm

浙江凤阳山　2019-09-17

♀正　　　　　　　　♀反

1cm

浙江谷甫村　2021-09-15

16 小黑斑凤蝶
Papilio epycides Hewitson, 1864

♂ 正

♂ 反

1cm

浙江天目山　2017-04-08

♂ 正

♂ 反

1cm

浙江天目山　2017-04-08

17 宽尾凤蝶
Papilio elwesi Leech, 1889

♂ 正

♂ 反

1cm

浙江天目山　2016-07-28

♂ 正

♂ 反

1cm

浙江天目山　2017-08-01

凤蝶科 Papilionidae

18 青凤蝶
Graphium sarpedon (Linnaeus, 1758)

♂正   ♂反

1cm

浙江凤阳山　2018-10-02

♂正   ♂反

1cm

浙江联城镇　2019-10-20

19 黎氏青凤蝶
Graphium leechi (Rothschild, 1895)

♀正　　　　♀反

1cm

浙江天目山　2017-04-08

♂正　　　　♂反

1cm

浙江四明山　2018-07-24

20 宽带青凤蝶

Graphium cloanthus (Westwood, 1845)

♀正　　　　　　♀反

1cm

浙江谷甫村　2021-09-15

♂正　　　　　　♂反

1cm

浙江天目山　2017-07-12

21 升天剑凤蝶

Pazala euroa (Leech, [1893])

♀正

♀反

1cm

浙江凤阳山　2018-04-25

♀正

♀反

1cm

浙江天目山　2019-04-08

22 四川剑凤蝶

Pazala sichuanica Koiwaya, 1993

♂正　　　♂反

1cm

浙江天目山　2017-04-08

 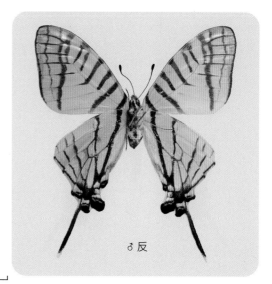

♂正　　　♂反

1cm

浙江天目山　2019-05-03

23 丝带凤蝶
Sericinus montelus Gray, 1852

♂正

♂反

1cm

浙江四明山　2018-07-24

♂正

♂反

1cm

浙江四明山　2018-09-15

24 冰清绢蝶
Parnassius citrinarius Motschulsky, 1866

♂正

♂反

1cm

浙江天目山 2019-04-24

♂正

♂反

1cm

浙江天目山 2019-04-24

二、粉蝶科 Pieridae

【鉴别特征】成虫体型通常为中型或小型；颜色较素淡，一般为白色、黄色或橙色，通常具黑色或红色等颜色的斑纹；后翅无尾突；前足发育正常，两爪均为二叉式分开。世界已知约 1 200 种，中国记载 150 余种，本书记载 9 属 15 种。

【分　　布】全国。

【寄主植物】山柑科 Capparaceae、十字花科 Cruciferae、豆科 Faba-ceae、蔷薇科 Rosaceae 等。

25 橙翅方粉蝶
Dercas nina Mell, 1913

♀正

♀反

1cm

浙江九龙山　2019-05-24

♂正

♂反

1cm

浙江凤阳山　2017-05-18

26 黑角方粉蝶
Dercas lycorias **(Doubleday, 1842)**

♀正

♀反

1cm

浙江凤阳山 2019-07-16

♂正

♂反

1cm

浙江凤阳山 2018-04-25

27 东亚豆粉蝶
Colias poliographus Motschulsky, 1860

♀正　　　　　　　　♀反

1cm

浙江天目山　2018-04-17

♀正　　　　　　　　♀反

1cm

浙江天目山　2018-05-25

♂正　　　　　　　　　♂反

1cm

浙江天目山　2018-05-11

♂正　　　　　　　　　♂反

1cm

浙江四明山　2018-06-02

28 北黄粉蝶
Eurema mandarina (de l'Orza, 1869)

♂正　　　　　　　♂反

1cm

浙江天目山　2018-05-12

♂正　　　　　　　♂反

1cm

浙江天目山　2019-05-29

♂正　　　　　　　　　♂反

1cm

浙江仙源村　2021-08-24

♂正　　　　　　　　　♂反

1cm

浙江谷甫村　2021-09-15

♂正　　　　　　　　　♂反

1cm

浙江谷甫村　2021-09-15

浙江凤阳山　2018-07-07

29 宽边黄粉蝶
Eurema hecabe (Linnaeus, 1758)

♂正

♂反

1cm

浙江四明山　2018-07-23

浙江天目山　2017-09-13

30 圆翅钩粉蝶

Gonepteryx amintha **Blanchard, 1871**

粉蝶科　Pieridae

♂ 正

♂ 反

1cm

浙江天目山　2018-06-12

♂ 正

♂ 反

1cm

浙江天目山　2018-06-12

31 淡色钩粉蝶
Gonepteryx aspasia Ménétriès, 1859

♀正

♀反

1cm

浙江天目山　2017-05-25

♂正

♂反

1cm

浙江四明山　2018-09-15

32 艳妇斑粉蝶
Delias belladonna (Fabricius, 1793)

粉蝶科 Pieridae

♀正

♀反

1cm

浙江景宁县　2019-07-07

♂正

♂反

1cm

浙江凤阳山　2017-05-19

33 东方菜粉蝶
Pieris canidia (Sparrman, 1768)

粉蝶科 Pieridae

♂正

♂反

1cm

浙江四明山 2018-04-29

♂正

♂反

1cm

浙江天目山 2018-09-05

34 菜粉蝶
Pieris rapae (Linnaeus, 1758)

♀正

♀反

1cm

浙江四明山　2018-04-29

♀正

♀反

1cm

浙江天目山　2018-05-11

35 黑纹粉蝶
Pieris melete Ménétriès, 1857

♀正

♀反

1cm

浙江四明山　2018-06-02

♀正

♀反

1cm

浙江天目山　2018-06-10

大翅绢粉蝶

Aporia largeteaui (Oberthür, 1881)

粉蝶科　Pieridae

♂正　　　　　　♂反

1cm

浙江凤阳山　2019-06-16

浙江凤阳山　2018-07-08

37 飞龙粉蝶
Talbotia naganum (Moore, 1884)

粉蝶科 Pieridae

♀正　　　　　　　♀反

1cm

浙江仙霞岭　2017-08-30

♂正　　　　　　　♂反

1cm

浙江凤阳山　2019-04-17

38 黄尖襟粉蝶
Anthocharis scolymus Butler, 1866

粉蝶科 Pieridae

♂正　　　　　　　　♂反

1cm

浙江四明山　2018-04-29

♂正　　　　　　　　♂反

1cm

浙江天目山　2019-04-05

♂正　　　　　♂反

1cm

浙江天目山　2019-04-08

浙江天目山　2018-04-07

39 橙翅襟粉蝶
Anthocharis bambusarum Oberthür, 1876

♀正　　　　　　　　　　♀反

1cm

浙江天目山　2019-04-05

♂正　　　　　　　　　　♂反

1cm

浙江天目山　2019-04-05

♂ 正 ♂ 反

1cm

浙江天目山　2019-04-05

♂ 正 ♂ 反

1cm

浙江天目山　2019-04-05

三、蛱蝶科 Nymphalidae

【鉴别特征】成虫体型多为中型或大型，少数为小型；色彩鲜艳，花纹变化相当复杂；少数种类雌雄二型现象，部分种类成季节型；前足相当退化，短小无爪。幼虫头上通常有突起，有时大，呈角状；体节具棘刺；腹足趾钩中列式，1~3序。世界已知 6 100 余种，中国记载 770 余种，本书记载 46 属 104 种。

【分　　布】全国。

【寄主植物】爵床科 Acanthaceae、忍冬科 Caprifoliaceae、桑科 Moraceae、杨柳科 Salicaceae、榆科 Ulmaceae、堇菜科 Violaceae 等。

40. 睇暮眼蝶 *Melanitis phedima* (Cramer, [1780])
41. 黛眼蝶 *Lethe dura* (Marshall, 1882)
42. 苔娜黛眼蝶 *Lethe diana* (Butler, 1866)
43. 深山黛眼蝶 *Lethe hyrania* (Kollar, 1844)
44. 棕褐黛眼蝶 *Lethe christophi* Leech, 1891
45. 曲纹黛眼蝶 *Lethe chandica* Moore, [1858]
46. 连纹黛眼蝶 *Lethe syrcis* Hewitson, 1863
47. 圆翅黛眼蝶 *Lethe butleri* Leech, 1889
48. 紫线黛眼蝶 *Lethe violaceopicta* (Poujade, 1884)
49. 直带黛眼蝶 *Lethe lanaris* Butler, 1877
50. 蛇神黛眼蝶 *Lethe satyrina* Butler, 1871
51. 白带黛眼蝶 *Lethe confusa* Aurivillius, 1897
52. 蒙链荫眼蝶 *Neope muirheadii* (C. & R. Felder, 1862)
53. 布莱荫眼蝶 *Neope bremeri* (C. & R. Felder, 1862)
54. 黄荫眼蝶 *Neope contrasta* Mell, 1923
55. 大斑荫眼蝶 *Neope ramosa* Leech, 1890
56. 蓝斑丽眼蝶 *Mandarinia regalis* (Leech, 1889)
57. 拟稻眉眼蝶 *Mycalesis francisca* (Stoll, [1780])
58. 稻眉眼蝶 *Mycalesis gotama* Moore, 1857
59. 上海眉眼蝶 *Mycalesis sangaica* Butler, 1877
60. 白斑眼蝶 *Penthema adelma* (C. & R. Felder, 1862)
61. 黑纱白眼蝶 *Melanargia lugens* (Honrather, 1888)
62. 卓矍眼蝶 *Ypthima zodia* Butler, 1871
63. 矍眼蝶 *Ypthima baldus* (Fabricius, 1775)
64. 中华矍眼蝶 *Ypthima chinensis* Leech, 1892
65. 大波矍眼蝶 *Ypthima tappana* Matsumura, 1909
66. 华夏矍眼蝶 *Ypthima sinica* Uémura & Koiwaya, 2000
67. 密纹矍眼蝶 *Ypthima multistriata* Butler, 1883
68. 幽矍眼蝶 *Ypthima conjuncta* Leech, 1891
69. 古眼蝶 *Palaeonympha opalina* Butler, 1871
70. 虎斑蝶 *Danaus genutia* (Cramer, [1779])
71. 金斑蝶 *Danaus chrysippus* (Linnaeus, 1758)
72. 朴喙蝶 *Libythea lepita* Moore, [1858]
73. 大卫绢蛱蝶 *Calinaga davidis* Oberthür, 1879
74. 黑绢蛱蝶 *Calinaga lhatso* Oberthür, 1893
75. 箭环蝶 *Stichophthalma howqua* (Westwood, 1851)
76. 苎麻珍蝶 *Acraea issoria* (Hübner, [1819])
77. 绿豹蛱蝶 *Argynnis paphia* (Linnaeus, 1758)
78. 斐豹蛱蝶 *Argyreus hyperbius* (Linnaeus, 1763)
79. 老豹蛱蝶 *Argyronome laodice* Pallas, 1771
80. 云豹蛱蝶 *Nephargynnis anadyomene* (C. & R. Felder, 1862)
81. 青豹蛱蝶 *Damora sagana* Doubleday, [1847]
82. 银豹蛱蝶 *Childrena childreni* (Gray, 1831)
83. 琉璃蛱蝶 *Kaniska canace* (Linnaeus, 1763)
84. 黄钩蛱蝶 *Polygonia caureum* (Linnaeus, 1758)
85. 大红蛱蝶 *Vanessa indica* (Herbst, 1794)
86. 小红蛱蝶 *Vanessa cardui* (Linnaeus, 1758)

40 睇暮眼蝶
Melanitis phedima (Cramer, [1780])

蛱蝶科　Nymphalidae

♂正　　　♂反

1cm

浙江谷甫村　2021-09-15

♂正　　　♂反

1cm

浙江凤阳山　2019-07-16

41 黛眼蝶
Lethe dura (Marshall, 1882)

♂正　　　　　　　　　　♂反

1cm

浙江天目山　2018-09-05

♂正　　　　　　　　　　♂反

1cm

浙江天目山　2018-06-12

蛱蝶科 Nymphalidae

42 苔娜黛眼蝶
Lethe diana (Butler, 1866)

♂正

♂反

1cm

浙江天目山　2018-05-11

浙江天目山　2018-07-08

43 深山黛眼蝶
Lethe hyrania (Kollar, 1844)

♀正　　　　　　　　　♀反

1cm

浙江凤阳山　2018-05-16

♂正　　　　　　　　　♂反

1cm

浙江凤阳山　2019-04-17

44 棕褐黛眼蝶
Lethe christophi Leech, 1891

♂ 正

♂ 反

1cm

浙江天目山　2018-09-06

♂ 正

♂ 反

1cm

浙江天目山　2018-08-10

45 曲纹黛眼蝶

Lethe chandica Moore, [1858]

♀正

♀反

1cm

浙江凤阳山　2019-09-17

♂正

♂反

1cm

浙江凤阳山　2019-09-17

46 连纹黛眼蝶
Lethe syrcis Hewitson, 1863

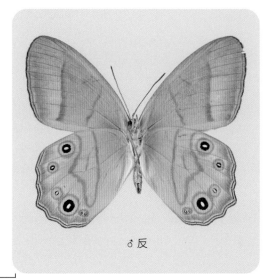

♂正　　　　　　　　♂反

1cm

浙江四明山　2018-06-03

♂正　　　　　　　　♂反

1cm

浙江九龙山　2019-05-25

47 圆翅黛眼蝶
Lethe butleri Leech, 1889

♀正

♀反

1cm

浙江凤阳山　2017-07-01

♀正

♀反

1cm

浙江九龙山　2019-06-15

蛱蝶科 Nymphalidae

48 紫线黛眼蝶
Lethe violaceopicta (Poujade, 1884)

♀正

♀反

1cm

浙江凤阳山　2018-06-15

♂正

♂反

1cm

浙江凤阳山　2018-07-08

49 直带黛眼蝶
Lethe lanaris Butler, 1877

♀正　　　　　　　　　♀反

1cm

浙江天目山　2018-07-12

♀正　　　　　　　　　♀反

1cm

浙江天目山　2018-07-12

蛱蝶科 Nymphalidae

50 蛇神黛眼蝶
Lethe satyrina **Butler, 1871**

♂ 正

♂ 反

1cm

浙江天目山　2019-05-23

♂ 正

♂ 反

1cm

浙江凤阳山　2019-05-30

♂正 ♂反

1cm

浙江小苏坑村　2021-08-25

♂正 ♂反

1cm

浙江牛头山　2021-09-16

♂正　　　　　　　　♂反

1cm

浙江坑口村　2021-09-17

蛱蝶科　Nymphalidae

浙江凤阳山　2019-08-01

51 白带黛眼蝶
Lethe confusa Aurivillius, 1897

♀正

♀反

1cm

浙江凤阳山　2018-06-14

♀正

♀反

1cm

浙江谷甫村　2021-09-15

蛱蝶科 Nymphalidae

52 蒙链荫眼蝶
Neope muirheadii (C. & R. Felder, 1862)

蛱蝶科　Nymphalidae

♀正

♀反

1cm

浙江四明山　2018-07-24

♀正

♀反

1cm

浙江四明山　2018-09-15

♂正　　　　　　　　　♂反

1cm

浙江天目山　2019-05-05

浙江凤阳山　2019-08-01

53 布莱荫眼蝶

Neope bremeri (C. & R. Felder, 1862)

♀正

♀反

1cm

浙江四明山　2018-07-02

♀正

♀反

1cm

浙江天目山　2019-04-08

♀正 　　　♀反

1cm

浙江天目山　2019-04-08

浙江凤阳山　2019-08-07

54 黄荫眼蝶
Neope contrasta Mell, 1923

♀正   ♀反

1cm

浙江天目山　2019-05-05

♂正   ♂反

1cm

浙江天目山　2019-05-02

55 大斑荫眼蝶
Neope ramosa Leech, 1890

♀正 ♀反

1cm

浙江凤阳山 2019-04-27

浙江天目山 2018-07-12

56 蓝斑丽眼蝶
Mandarinia regalis (Leech, 1889)

♂ 正

♂ 反

1cm

浙江天目山　2018-09-05

♂ 正

♂ 反

1cm

浙江天目山　2018-06-12

蛱蝶科　Nymphalidae

57 拟稻眉眼蝶
Mycalesis francisca (Stoll, [1780])

♂ 正

♂ 反

1cm

浙江天目山 2019-05-04

♂ 正

♂ 反

1cm

浙江四明山 2018-07-02

蛱蝶科 Nymphalidae

♂正 ♂反

1cm

浙江天目山　2018-08-10

蛱蝶科
Nymphalidae

浙江凤阳山　2019-08-04

58 稻眉眼蝶
Mycalesis gotama **Moore, 1857**

♀正　　　　　　　　　♀反

1cm

浙江四明山　2018-08-24

浙江凤阳山　2019-07-30

59 上海眉眼蝶
Mycalesis sangaica Butler, 1877

♀正

♀反

1cm

浙江天目山　2019-05-30

♂正

♂反

1cm

浙江天目山　2019-05-25

60 白斑眼蝶
Penthema adelma (C. & R. Felder, 1862)

♀正　　　　　　　　♀反

1cm

浙江凤阳山　2019-05-12

♂正　　　　　　　　♂反

1cm

浙江天目山　2017-07-12

61 黑纱白眼蝶
Melanargia lugens (Honrather, 1888)

♀正　　　　　　　　　　　♀反

1cm

浙江四明山　2018-07-01

♂正　　　　　　　　　　　♂反

1cm

浙江天目山　2018-07-12

♂正

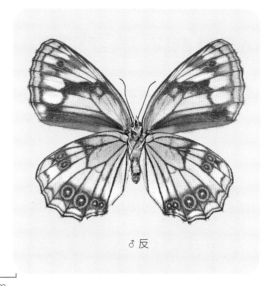
♂反

1cm

浙江天目山 2018-07-12

浙江天目山 2019-06-22

62 卓矍眼蝶
Ypthima zodia **Butler, 1871**

蛱蝶科
Nymphalidae

♀正　　　　　　　　♀反

1cm

浙江天目山　2018-05-11

♀正　　　　　　　　♀反

1cm

浙江天目山　2019-04-23

♂正　　　　　　　　　♂反

1cm

浙江四明山　2018-07-02

浙江凤阳山　2019-08-07

63 矍眼蝶
Ypthima baldus (Fabricius, 1775)

♀正　　　　　　　　♀反

1cm

浙江天目山　2018-04-18

♂正　　　　　　　　♂反

1cm

浙江天目山　2018-08-10

♂正　　　　　♂反

1cm

浙江四明山　2018-08-24

浙江天目山　2018-08-10

64 中华矍眼蝶

Ypthima chinensis **Leech, 1892**

♀正   ♀反

1cm

浙江四明山 2018-08-23

浙江天目山 2019-05-21

65 大波矍眼蝶
Ypthima tappana Matsumura, 1909

♀正　　　　　　　　　♀反

1cm

浙江凤阳山　2019-04-27

蛱蝶科 Nymphalidae

浙江天目山　2018-06-11

66 华夏矍眼蝶

Ypthima sinica Uémura & Koiwaya, 2000

蛱蝶科

Nymphalidae

♀正

♀反

1cm

浙江天目山　2018-08-10

♂正

♂反

1cm

浙江四明山　2018-06-02

♂正　　　　　　　♂反

1cm

浙江天目山　2018-08-10

浙江凤阳山　2018-07-07

67 密纹矍眼蝶
Ypthima multistriata Butler, 1883

蛱蝶科 Nymphalidae

♂正

♂反

1cm

浙江天目山　2018-05-11

♂正

♂反

1cm

浙江四明山　2018-06-02

♂正　　　　　　　　　♂反

1cm

浙江天目山　2018-08-10

浙江凤阳山　2018-08-14

蛱蝶科 *Nymphalidae*

68 幽矍眼蝶

Ypthima conjuncta Leech, 1891

♀正　　　　　　　♀反

1cm

浙江四明山　2018-06-15

♀正　　　　　　　♀反

1cm

浙江四明山　2018-08-24

69 古眼蝶
Palaeonympha opalina Butler, 1871

♀正

♀反

1cm

浙江天目山 2018-05-13

♀正

♀反

1cm

浙江天目山 2018-05-25

蛱蝶科 Nymphalidae

70 虎斑蝶

Danaus genutia (Cramer, [1779])

♂正　　　　　♂反

1cm

浙江谷甫村　2021-09-15

浙江中央山　2017-09-16

71 金斑蝶
Danaus chrysippus (Linnaeus, 1758)

♀正　　　　　　　　　♀反

1cm

浙江天目山　2016-07-28

♂正　　　　　　　　　♂反

1cm

云南普洱市　2017-08-31

蛱蝶科 Nymphalidae

72 朴喙蝶
Libythea lepita Moore, [1858]

♂正

♂反

1cm

浙江天目山　2019-05-21

♂正

♂反

1cm

浙江天目山　2019-05-28

73 大卫绢蛱蝶
Calinaga davidis Oberthür, 1879

♂正   ♂反

1cm

浙江凤阳山　2018-05-16

♂正   ♂反

1cm

浙江天目山　2017-05-27

蛱蝶科
Nymphalidae

74 黑绢蛱蝶
Calinaga lhatso Oberthür, 1893

♂正　　　　　　　　　♂反

1cm

浙江天目山　2018-04-19

♂正　　　　　　　　　♂反

1cm

浙江天目山　2019-05-03

75 箭环蝶
Stichophthalma howqua (Westwood, 1851)

♂正

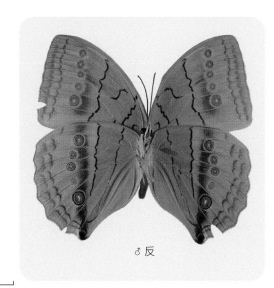

♂反

1cm

浙江天目山　2016-06-23

♂正

♂反

1cm

浙江天目山　2018-07-01

蛱蝶科　Nymphalidae

76 苎麻珍蝶
Acraea issoria (Hübner, [1819])

♀正

♀反

1cm

浙江四明山　2018-08-24

♂正

♂反

1cm

浙江天目山　2019-05-27

♂正

♂反

1cm

浙江凤阳山 2019-05-29

浙江凤阳山 2017-08-12

77 绿豹蛱蝶
Argynnis paphia (Linnaeus, 1758)

♂正

♂反

1cm

浙江四明山　2018-07-02

♂正

♂反

1cm

浙江天目山　2018-08-10

♂正　　　　　　　　　　♂反

1cm

浙江天目山　2018-09-05

浙江凤阳山　2018-06-15

78 斐豹蛱蝶
Argyreus hyperbius (Linnaeus, 1763)

蛱蝶科
Nymphalidae

♀正

♀反

1cm

浙江四明山　2018-09-14

♂正

♂反

1cm

浙江四明山　2018-08-23

79 老豹蛱蝶
Argyronome laodice Pallas, 1771

♀正

♀反

1cm

浙江四明山　2018-07-02

浙江天目山　2018-06-08

80 云豹蛱蝶
Nephargynnis anadyomene (C. & R. Felder, 1862)

蛱蝶科

Nymphalidae

♂正

♂反

1cm

浙江四明山　2018-07-02

♂正

♂反

1cm

浙江天目山　2019-05-03

♂正　　　　　　　　　　♂反

1cm

浙江天目山　2019-05-23

浙江天目山　2019-05-01

81 青豹蛱蝶
Damora sagana Doubleday, [1847]

♀正　　　　　　　　　　♀反

1cm

浙江天目山　2018-06-10

♀正　　　　　　　　　　♀反

1cm

浙江四明山　2018-08-24

♂正　　　　　　　　　　♂反

1cm

浙江天目山　2019-05-28

♂正　　　　　　　　　　♂反

1cm

浙江天目山　2019-05-28

82 银豹蛱蝶
Childrena childreni (Gray, 1831)

♂正

♂反

1cm

浙江凤阳山　2019-06-29

浙江凤阳山　2018-06-15

83 琉璃蛱蝶
Kaniska canace (Linnaeus, 1763)

♀正　　　　　　　　　　♀反

1cm

浙江天目山　2019-05-30

♀正　　　　　　　　　　♀反

1cm

浙江天目山　2019-05-30

蛱蝶科 Nymphalidae

♂正　　　　　　　♂反

1cm

浙江凤阳山　2019-07-28

浙江凤阳山　2019-08-06

84 黄钩蛱蝶

Polygonia caureum (Linnaeus, 1758)

♂正

♂反

1cm

浙江四明山 2018-07-27

♂正

♂反

1cm

浙江四明山 2018-09-15

蛱蝶科 Nymphalidae

♂正　　　　　　　　♂反

1cm

浙江谷甫村　2021-09-15

浙江黄岩　2018-10-04

85 大红蛱蝶
Vanessa indica (Herbst, 1794)

♀正

♀反

1cm

浙江天目山　2018-05-11

♂正

♂反

1cm

浙江四明山　2018-07-24

蛱蝶科 Nymphalidae

♂正　　　　　♂反

1cm

浙江天目山　2019-04-07

浙江凤阳山　2019-08-03

86 小红蛱蝶

Vanessa cardui (Linnaeus, 1758)

♀正　　　　　　　　♀反

1cm

浙江天目山　2018-09-05

♂正　　　　　　　　♂反

1cm

浙江天目山　2018-09-05

蛱蝶科 Nymphalidae

87 美眼蛱蝶
Junonia almana (Linnaeus, 1758)

♀正

♀反

1cm

浙江谷甫村　2021-09-15

♂正

♂反

1cm

浙江天目山　2017-08-15

♂正　　　　　　　　　♂反

1cm

浙江天目山　2018-09-04

浙江天目山　2018-09-05

88 散纹盛蛱蝶

Symbrenthia lilaea Hewitson, 1864

♀正

♀反

1cm

浙江凤阳山　2019-07-16

♀正

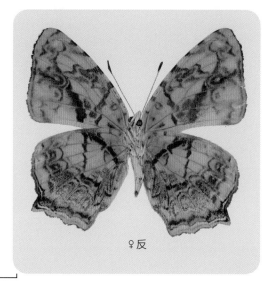

♀反

1cm

浙江百山祖　2021-07-18

♀正　　　　　　　　♀反

1cm

浙江仙源村　2021-08-24

♂正　　　　　　　　♂反

1cm

浙江谷甫村　2021-09-15

89 曲纹蜘蛱蝶
Araschnia doris Leech, [1892]

蛱蝶科

Nymphalidae

♀正

♀反

1cm

浙江天目山　2019-04-08

♀正

♀反

1cm

浙江天目山　2019-04-23

♂正　　　　　　♂反

1cm

浙江四明山　2018-07-02

♂正　　　　　　♂反

1cm

浙江天目山　2019-05-29

90 二尾蛱蝶
Polyura narcaea (Hewitson, 1854)

♂正　　♂反

1cm

浙江天目山　2018-07-11

浙江天目山　2018-07-11

91 忘忧尾蛱蝶

Polyura nepenthes (Grose-Smith, 1883)

♂正　　　　　　　　♂反

1cm

浙江凤阳山　2018-04-24

浙江凤阳山　2019-08-04

92 白带螯蛱蝶
Charaxes bernardus (Fabricius, 1793)

蛱蝶科
Nymphalidae

♀正 ♀反

1cm

浙江丽水市　2018-07-31

♀正 ♀反

1cm

浙江凤阳山　2019-08-17

93 柳紫闪蛱蝶
Apatura ilia (Denis & Schiffermuller, 1775)

♂正 ♂反

1cm

浙江九龙山 2019-05-24

♂正 ♂反

1cm

浙江凤阳山 2019-07-16

94 栗凯蛱蝶

Chitoria subcaerulea (Leech, 1891)

♂正　　　　　　　　　♂反

1cm

浙江天目山　2017-07-12

♂正　　　　　　　　　♂反

1cm

浙江天目山　2017-07-27

95 迷蛱蝶
Mimathyma chevana (Moore, [1866])

♀正

♀反

1cm

浙江谷甫村 2021-09-15

浙江天目山 2019-06-02

96 银白蛱蝶

***Helcyra subalba* (Poujade, 1885)**

蛱蝶科 Nymphalidae

♂ 正

♂ 反

1cm

浙江天目山　2019-05-27

♂ 正

♂ 反

1cm

浙江凤阳山　2019-06-16

97 傲白蛱蝶

Helcyra superba Leech, 1890

♀正　　　　　　　　　　　♀反

1cm

浙江凤阳山　2019-04-27

浙江凤阳山　2019-07-28

98 黄帅蛱蝶
Sephisa princeps (Fixsen, 1887)

蛱蝶科
Nymphalidae

♂ 正

♂ 反

1cm

浙江四明山　2018-07-02

♂ 正

♂ 反

1cm

浙江天目山　2017-06-27

99 大紫蛱蝶
Sasakia charonda (Hewitson, 1863)

♀正

♀反

1cm

浙江天目山　2017-07-11

♂正

♂反

1cm

浙江天目山　2018-07-11

蛱蝶科 Nymphalidae

100 黑脉蛱蝶
Hestina assimilis (Linnaeus, 1758)

蛱蝶科　Nymphalidae

♂ 正

♂ 反

1cm

浙江天目山　2017-06-08

♂ 正

♂ 反

1cm

浙江天目山　2018-06-12

101 白裳猫蛱蝶
Timelaea albescens (Oberthür, 1886)

蛱蝶科 Nymphalidae

♀正

♀反

1cm

浙江天目山　2019-05-28

♀正

♀反

1cm

浙江天目山　2019-05-28

102 素饰蛱蝶
Stibochiona nicea (Gray, 1846)

♀正 ♀反

1cm

浙江百山祖　2021-07-18

♂正 ♂反

1cm

浙江天目山　2018-04-18

103 电蛱蝶
Dichorragia nesimachus (Doyère, [1840])

♀正

♀反

1cm

浙江谷甫村　2021-09-15

♂正

♂反

1cm

浙江天目山　2019-05-25

蛱蝶科 Nymphalidae

104 网丝蛱蝶
Cyrestis thyodamas **Boisduval, 1846**

蛱蝶科
Nymphalidae

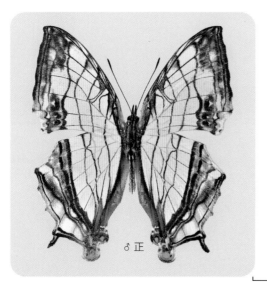

♂正　♂反

1cm

浙江九龙山　2019-06-14

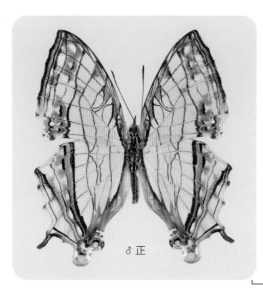
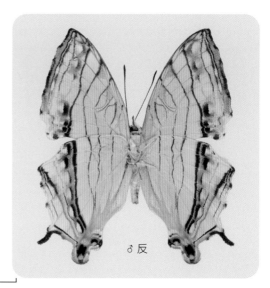

♂正　♂反

1cm

浙江谷甫村　2021-09-15

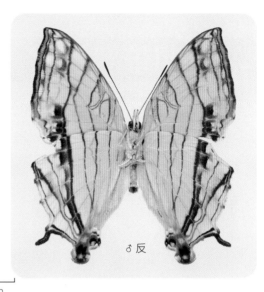

♂正　　　♂反

1cm

浙江凤阳山　2019-04-27

浙江乌岩岭　2019-06-29

105 明带翠蛱蝶
Euthalia yasuyukii Yoshino, 1998

♀正

♀反

1cm

浙江天目山　2017-08-17

♂正

♂反

1cm

浙江天目山　2018-07-13

106 捻带翠蛱蝶
Euthalia strephon Grose-Smith, 1893

♀正

♀反

1cm

浙江凤阳山　2018-08-14

♂正

♂反

1cm

浙江凤阳山　2019-07-28

107 太平翠蛱蝶
Euthalia pacifica Mell, 1935

♀正

♀反

1cm

浙江凤阳山　2018-07-08

浙江市凤阳山　2019-07-30

108 珀翠蛱蝶
Euthalia pratti Leech, 1891

♂正

♂反

1cm

浙江天目山　2018-07-11

♂正

♂反

1cm

浙江天目山　2018-07-13

109 拟鹰翠蛱蝶
Euthalia yao Yoshino, 1997

♀正　　　　　　　♀反

1cm

浙江牛头山　2021-09-16

♀正　　　　　　　♀反

1cm

浙江牛头山　2021-09-16

110 绿裙蛱蝶
Cynitia whiteheadi (Crowley, 1900)

♂正

♂反

1cm

浙江九龙山　2019-06-15

♂正

♂反

1cm

浙江小苏坑村　2021-08-25

蛱蝶科 Nymphalidae

♂正　　　　　　　　　　　♂反

1cm

浙江小苏坑村　2021-08-25

浙江凤阳山　2019-08-02

111 婀蛱蝶

Abrota ganga Moore, 1857

 ♂正

 ♂反

1cm

浙江凤阳山 2017-07-01

浙江凤阳山 2019-07-31

112 折线蛱蝶
Limenitis sydyi Lederer, 1853

蛱蝶科 *Nymphalidae*

♀正　　　　　　♀反

1cm

浙江百山祖　2021-07-18

♂正　　　　　　♂反

1cm

浙江九龙山　2019-05-25

113 残锷线蛱蝶
Limenitis sulpitia (Cramer, 1779)

♀正

♀反

1cm

浙江天目山 2018-05-12

♀正

♀反

1cm

浙江天目山 2019-05-24

蛱蝶科 Nymphalidae

♀正　　　♀反

1cm

浙江牛头山　2021-09-16

浙江凤阳山　2019-08-04

114 扬眉线蛱蝶
Limenitis helmanni Lederer, 1853

♀正　　　　　　　　　　　♀反

1cm

浙江天目山　2019-05-24

♀正　　　　　　　　　　　♀反

1cm

浙江天目山　2019-05-28

蛱蝶科 Nymphalidae

♀正　　　　　　　　　♀反

1cm

浙江天目山　2017-08-17

♀正　　　　　　　　　♀反

1cm

浙江四明山　2018-07-24

115 断眉线蛱蝶
Limenitis doerriesi Staudinger, 1892

♀正　　　　　　　　　　　♀反

1cm

浙江天目山　2019-05-02

♀正　　　　　　　　　　　♀反

1cm

浙江谷甫村　2021-09-15

蛱蝶科　Nymphalidae

116 拟戟眉线蛱蝶
Limenitis misuji Sugiyama, 1994

♀正　　　　　　♀反

1cm

浙江九龙山　2019-05-25

♀正　　　　　　♀反

1cm

浙江谷甫村　2021-09-15

117 虬眉带蛱蝶
Athyma opalina (Kollar, [1844])

蛱蝶科 Nymphalidae

♀正

♀反

1cm

浙江牛头山 2021-09-16

浙江凤阳山 2019-08-02

♀正　　　　　　♀反

1cm

浙江牛头山　2021-09-16

♀正　　　　　　♀反

1cm

浙江坑口村　2021-09-17

118 离斑带蛱蝶
Athyma ranga Moore, [1858]

♀正

♀反

1cm

浙江百山祖　2021-07-18

♂正

♂反

1cm

浙江凤阳山　2017-08-12

蛱蝶科 Nymphalidae

119 孤斑带蛱蝶
Athyma zeroca Moore, 1872

♀正　　　　　　♀反

1cm

浙江谷甫村　2021-09-15

♀正　　　　　　♀反

1cm

浙江牛头山　2021-09-16

♂正 ♂反

1cm

浙江谷甫村　2021-09-15

♂正 ♂反

1cm

浙江谷甫村　2021-09-15

蛱蝶科 Nymphalidae

120 幸福带蛱蝶
Athyma fortuna Leech, 1889

♀正

♀反

1cm

浙江四明山　2018-07-02

♀正

♀反

1cm

浙江天目山　2019-05-28

♀正　　　　　　　　♀反

|1cm

浙江天目山　2019-05-28

♀正　　　　　　　　♀反

|1cm

浙江丽水市　2020-08-16

蛱蝶科　*Nymphalidae*

121 珠履带蛱蝶
Athyma asura Moore, [1858]

蛱蝶科 Nymphalidae

♀正　　　♀反

1cm

浙江九龙山　2019-05-25

♀正　　　♀反

1cm

浙江仙源村　2021-08-24

♀正　　　　　　　　　　　　♀反

1cm

浙江谷甫村　2021-09-15

♂正　　　　　　　　　　　　♂反

1cm

浙江天目山　2017-05-18

蛱蝶科
Nymphalidae

122 玉杵带蛱蝶
Athyma jina Moore, [1858]

♀正

♀反

1cm

浙江四明山　2018-07-02

♀正

♀反

1cm

浙江九龙山　2019-06-15

♀正　　　　　♀反

|← 1cm →|

浙江谷甫村　2021-09-15

♀正　　　　　♀反

|← 1cm →|

浙江谷甫村　2021-09-15

蛱蝶科　Nymphalidae

123 东方带蛱蝶
Athyma orientalis Elwes, 1888

蛱蝶科　Nymphalidae

♀正　　　♀反

1cm

浙江天目山　2018-09-05

♀正　　　♀反

1cm

浙江天目山　2019-05-29

124 六点带蛱蝶
Athyma punctata Leech, 1890

♂正　　　　　　　　♂反

1cm

浙江九龙山　20199-05-25

浙江九龙山　2019-05-25

125 新月带蛱蝶
Athyma selenophora (Kollar, [1844])

♂正

♂反

1cm

浙江仙源村　2021-08-24

♂正

♂反

1cm

浙江小苏坑村　2021-08-25

♂正   ♂反

1cm

浙江谷甫村　2021-09-15

♂正   ♂反

1cm

浙江谷甫村　2021-09-15

蛱蝶科　Nymphalidae

126 小环蛱蝶
Neptis sappho (Pallas, 1771)

♂正

♂反

1cm

浙江四明山　2018-08-24

♂正

♂反

1cm

浙江天目山　2019-05-05

♂正　　　　　　　♂反

1cm

浙江天目山　2019-05-05

♂正　　　　　　　♂反

1cm

浙江谷甫村　2021-09-15

蛱蝶科　Nymphalidae

♂正　　　　　　　　♂反

1cm

浙江凤阳山　2019-04-27

♂正　　　　　　　　♂反

1cm

浙江谷甫村　2021-09-15

127 中环蛱蝶
Neptis hylas (Linnaeus, 1758)

♀正　　　　　　　　　　　♀反

1cm

浙江凤阳山　2017-09-07

♀正　　　　　　　　　　　♀反

1cm

浙江凤阳山　2018-09-09

128 耶环蛱蝶

Neptis yerburii **Butler, 1886**

♀正　　　　　　　　　　　　　♀反

1cm

浙江凤阳山　2020-04-15

浙江凤阳山　2020-07-07

129 珂环蛱蝶
Neptis clinia Moore, 1872

♂正　　　　　　　　　♂反

1cm

浙江天目山　2019-05-23

♂正　　　　　　　　　♂反

1cm

浙江百山祖　2021-04-24

蛱蝶科　Nymphalidae

130 娑环蛱蝶
Neptis soma Moore, 1857

♂正

♂反

1cm

浙江凤阳山 2019-04-27

♂正

♂反

1cm

浙江天目山 2019-05-04

♂正　　　　　♂反

浙江谷甫村　2021-09-15

♂正　　　　　♂反

1cm

浙江谷甫村　2021-09-15

131 断环蛱蝶
Neptis sankara Kollar, 1844

♂正

♂反

1cm

浙江天目山　2018-07-12

♂正

♂反

1cm

浙江天目山　2018-09-05

♂ 正 ♂ 反

1cm

浙江仙源村　2021-08-24

♂ 正 ♂ 反

1cm

浙江小苏坑村　2021-08-25

蛱蝶科 Nymphalidae

浙江凤阳山　2019-08-04

浙江凤阳山　2019-08-04

132 卡环蛱蝶
Neptis cartica Moore, 1872

♀正

♀反

1cm

浙江仙源村　2021-08-24

♂正

♂反

1cm

浙江仙源村　2021-08-24

133 阿环蛱蝶
Neptis ananta Moore, 1857

♂ 正

♂ 反

1cm

浙江九龙山　2019-05-25

♂ 正

♂ 反

1cm

浙江天目山　2019-05-28

134 链环蛱蝶
Neptis pryeri Butler, 1871

♂正

♂反

1cm

浙江四明山 2018-08-24

♂正

♂反

1cm

浙江九龙山 2019-05-24

135 重环蛱蝶
Neptis alwina (Bremer & Grey, 1852)

♀正

♀反

1cm

浙江天目山　2018-05-13

♀正

♀反

1cm

浙江九龙山　2019-05-25

136 莲花环蛱蝶
Neptis hesione Leech, 1890

♀正

♀反

1cm

浙江凤阳山　2019-06-16

浙江凤阳山　2019-07-30

137 矛环蛱蝶
Neptis armandia (Oberthür, 1876)

蛱蝶科
Nymphalidae

♂正

♂反

1cm

浙江百山祖　2021-07-17

浙江凤阳山　2019-08-03

138 玛环蛱蝶
Neptis manasa Moore, 1857

蛱蝶科 Nymphalidae

♀正

♀反

1cm

浙江天目山　2019-05-24

♂正

♂反

1cm

浙江凤阳山　2019-06-16

139 羚环蛱蝶
Neptis antilope Leech, 1890

蛱蝶科　Nymphalidae

♂正

♂反

1cm

浙江天目山　2019-05-23

浙江凤阳山　2018-05-16

140 伊洛环蛱蝶
Neptis ilos Fruhstorfer, 1909

♀正

♀反

1cm

浙江天目山　2018-07-12

♀正

♀反

1cm

浙江天目山　2018-07-12

141 啡环蛱蝶
Neptis philyra Ménétriès, 1859

♂ 正　　　　　　　　♂ 反

1cm

浙江天目山　2019-05-23

♂ 正　　　　　　　　♂ 反

1cm

浙江天目山　2019-05-27

142 霭菲蛱蝶
Phaedyma aspasia (Leech, 1890)

♂正

♂反

1cm

浙江九龙山 2019-05-24

♂正

♂反

1cm

浙江九龙山 2019-06-15

143 蔀蟠蛱蝶
Pantoporia bieti (Oberthür, 1894)

蛱蝶科
Nymphalidae

♀正 ♀反

1cm

浙江九龙山 2019-05-25

♀正 ♀反

1cm

浙江凤阳山 2019-05-30

四、灰蝶科 Lycaenidae

【鉴别特征】成虫体型小型，极少数为中型；翅背面通常具红色、橙色、蓝色、绿色、紫色、翠色、古铜色等颜色斑纹，颜色单纯而具光泽；翅腹面图案和颜色与背面不同，是分类上的重要特征；后翅有时具 1~3 个尾突。主要识别特征：① 触角与复眼外缘相连；② 触角上通常具白环，复眼周围具一圈白色鳞片；③ 幼虫前胸无翻缩腺。世界已知 6 700 余种，中国记载 600 余种，本书记载 23 属 28 种。

【分　　布】全国。

【寄主植物】桦木科 Betulaceae、杜鹃花科 Ericaceae、豆科 Fabaceae、壳斗科 Fagaceae、胡桃科 Juglandaceae、木樨科 Oleaceae、鼠李科 Rhamnaceae、蔷薇科 Rosaceae、茜草科 Rubiaceae 等。

144. 白点褐蚬蝶 *Abisara burnii* (de Nicéville, 1895)
145. 白带褐蚬蝶 *Abisara fylloides* (Moore, 1851)
146. 波蚬蝶 *Zemeros flegyas* (Cramer, [1780])
147. 蚜灰蝶 *Taraka hamada* Druce, 1875
148. 尖翅银灰蝶 *Curetis acuta* Moore, 1877
149. 赭灰蝶 *Ussuriana michaelis* (Uberthür, 1880)
150. 浅蓝华灰蝶 *Wagimo asanoi* Koiwaya, 1999
151. 齿翅娆灰蝶 *Arhopala rama* (Kollar, [1844])
152. 玛灰蝶 *Mahathala ameria* Hewitson, 1862
153. 银线灰蝶 *Spindasis lohita* (Horsfield, 1829)
154. 绿灰蝶 *Artipe eryx* Linnaeus, 1771
155. 东亚燕灰蝶 *Rapala micans* (Bremer & Grey, 1853)
156. 蓝燕灰蝶 *Rapala caerulea* Bremer & Grey, 1852
157. 南岭梳灰蝶 *Ahlbergia dongyui* Huang & Zhan, 2006
158. 饰洒灰蝶 *Satyrium ornata* (Leech, 1890)
159. 大洒灰蝶 *Satyrium grandis* (Felder & Felder, 1862)
160. 红灰蝶 *Lycaena phlaeas* (Linnaeus, 1761)
161. 中华锯灰蝶 *Orthomiella sinensis* (Elwes, 1887)
162. 峦太锯灰蝶 *Orthomiella rantaizana* Wileman, 1910
163. 亮灰蝶 *Lampides boeticus* Linnaeus, 1767
164. 酢浆灰蝶 *Zizeeria maha* (Kollar, [1844])
165. 蓝灰蝶 *Everes argiades* (Pallas, 1771)
166. 点玄灰蝶 *Tongeia filicaudis* (Pryer, 1877)
167. 波太玄灰蝶 *Tongeia potanini* (Alphéraky, 1889)
168. 白斑妩灰蝶 *Udara albocaerulea* (Moore, 1879)
169. 蓝丸灰蝶 *Pithecops fulgens* Doherty, 1889
170. 琉璃灰蝶 *Celastrina argiola* (Linnaeus, 1758)
171. 曲纹紫灰蝶 *Chilades pandava* (Horsfield, [1829])

144 白点褐蚬蝶

Abisara burnii (de Nicéville, 1895)

♂ 正

♂ 反

1cm

浙江天目山　2017-07-27

♂ 正

♂ 反

1cm

浙江天目山　2019-04-08

145 白带褐蚬蝶
Abisara fylloides (Moore, 1851)

♀正　　　　　　♀反

1cm

浙江天目山　2017-07-27

♂正　　　　　　♂反

1cm

浙江天目山　2019-05-04

灰蝶科　Lycaenidae

146 波蚬蝶
Zemeros flegyas (Cramer, [1780])

♂ 正　　　♂ 反

1cm

浙江凤阳山　2019-04-27

♂ 正　　　♂ 反

1cm

浙江坑口村　2021-09-17

灰蝶科 Lycaenidae

147 蚜灰蝶

Taraka hamada Druce, 1875

♀正　　　　　　　　♀反

1cm

浙江天目山　2018-09-05

♀正

♀反

1cm

浙江四明山　2018-09-15

148 尖翅银灰蝶

Curetis acuta Moore, 1877

♀正　　　♀反

1cm

浙江四明山　2018-07-24

♂正　　　♂反

1cm

浙江天目山　2018-05-13

灰蝶科　Lycaenidae

♂正　　　　　　　　　♂反

1cm

浙江天目山　2018-08-10

浙江凤阳山　2019-07-28

灰蝶科 Lycaenidae

149 赭灰蝶

Ussuriana michaelis (Uberthür, 1880)

♀正

♀反

1cm

浙江凤阳山　2018-07-08

♂正

♂反

1cm

浙江百山祖　2021-07-17

灰蝶科　Lycaenidae

150 浅蓝华灰蝶
Wagimo asanoi Koiwaya, 1999

♀正

♀反

1cm

浙江百山祖　2021-07-17

浙江凤阳山　2019-08-06

灰蝶科 Lycaenidae

151 齿翅娆灰蝶
***Arhopala rama* (Kollar, [1844])**

♀正

♀反

1cm

浙江四明山　2018-07-23

♀正

♀反

1cm

浙江凤阳山　2018-08-14

152 玛灰蝶
Mahathala ameria Hewitson, 1862

♀正

♀反

1cm

浙江天目山　2018-09-06

♂正

♂反

1cm

浙江丽水市　2019-10-24

153 银线灰蝶
Spindasis lohita (Horsfield, 1829)

♂正　　　　　　　　　♂反

1cm

浙江仙源村　2021-08-24

灰蝶科　Lycaenidae

浙江凤阳山　2018-06-14

154 绿灰蝶
Artipe eryx Linnaeus, 1771

♀正   ♀反

|← 1cm →|

浙江百山祖　2021-04-24

♂正   ♂反

|← 1cm →|

浙江百山祖　2021-07-18

灰蝶科 Lycaenidae

155 东亚燕灰蝶
Rapala micans (Bremer & Grey, 1853)

♂正 ♂反

1cm

浙江天目山　2018-08-10

♂正 ♂反

1cm

浙江天目山　2018-07-11

灰蝶科 Lycaenidae

156 蓝燕灰蝶
Rapala caerulea Bremer & Grey, 1852

♀正

♀反

1cm

浙江凤阳山　2019-07-28

浙江凤阳山　2019-07-28

灰蝶科　Lycaenidae

157 南岭梳灰蝶
Ahlbergia dongyui Huang & Zhan, 2006

♀正　　　　　　♀反

1cm

浙江天目山　2018-04-10

♂正　　　　　　♂反

1cm

浙江凤阳山　2019-04-17

灰蝶科　Lycaenidae

158 饰洒灰蝶
Satyrium ornata (Leech, 1890)

♂正　　　　　　　　　♂反

1cm

浙江天目山　2018-05-25

浙江天目山　2018-05-25

灰蝶科 Lycaenidae

159 大洒灰蝶
Satyrium grandis (Felder & Felder, 1862)

灰蝶科　Lycaenidae

♀正　♀反

1cm

浙江天目山　2018-06-09

♂正　♂反

1cm

浙江四明山　2018-06-03

160 红灰蝶
Lycaena phlaeas (Linnaeus, 1761)

♀正　　　　　　　　♀反

1cm

浙江天目山　2018-07-12

♀正　　　　　　　　♀反

1cm

浙江四明山　2018-07-24

♀正　　　　　　　　　♀反

1cm

浙江天目山　2019-05-04

浙江天目山　2018-05-24

161 中华锯灰蝶
Orthomiella sinensis (Elwes, 1887)

♂正

♂反

1cm

浙江凤阳山　2019-04-17

♂正

♂反

1cm

浙江丽水市峰源　2019-04-22

灰蝶科 Lycaenidae

162 峦太锯灰蝶
Orthomiella rantaizana Wileman, 1910

♂正　　　　　　♂反

1cm

浙江凤阳山　2019-04-27

浙江凤阳山　2020-03-25

灰蝶科 Lycaenidae

163 亮灰蝶

Lampides boeticus Linnaeus, 1767

♀正　　　　　　　♀反

1cm

浙江四明山　2018-08-23

浙江凤阳山　2017-08-11

灰蝶科 Lycaenidae

164 酢浆灰蝶
Zizeeria maha (Kollar, [1844])

♂正

♂反

1cm

浙江天目山　2018-08-10

灰蝶科　Lycaenidae

♂正

♂反

1cm

浙江四明山　2018-08-23

165 蓝灰蝶
Everes argiades (Pallas, 1771)

♂正　　　　　　　　　♂反

1cm

浙江天目山　2018-05-13

♂正　　　　　　　　　♂反

1cm

浙江天目山　2019-05-25

灰蝶科　Lycaenidae

166 点玄灰蝶
Tongeia filicaudis (Pryer, 1877)

♂ 正

♂ 反

1cm

浙江天目山　2018-08-10

♂ 正

♂ 反

1cm

浙江凤阳山　2018-10-02

波太玄灰蝶
***Tongeia potanini* (Alphéraky, 1889)**

♂正

♂反

1cm

浙江凤阳山 2019-04-27

♂正

♂反

1cm

浙江牛头山 2021-09-16

灰蝶科 Lycaenidae

168 白斑妖灰蝶
Udara albocaerulea (Moore, 1879)

♀正

♀反

1cm

浙江四明山　2018-07-02

♂正

♂反

1cm

浙江天目山　2019-04-24

♂正　　　　　　　　　　　♂反

1cm

浙江九龙山　2019-06-27

♂正　　　　　　　　　　　♂反

1cm

浙江谷甫村　2021-09-15

灰蝶科　Lycaenidae

169 蓝丸灰蝶
Pithecops fulgens Doherty, 1889

♂ 正

♂ 反

1cm

浙江凤阳山　2018-05-15

♂ 正

♂ 反

1cm

浙江天目山　2018-05-13

170 琉璃灰蝶
Celastrina argiola (Linnaeus, 1758)

♀正　　　　　　　　　　　♀反

|← 1cm →|

浙江四明山　2018-07-01

♀正　　　　　　　　　　　♀反

|← 1cm →|

浙江天目山　2018-09-05

♂正　　　　　　　　♂反

1cm

浙江天目山　2018-09-05

♂正　　　　　　　　♂反

1cm

浙江天目山　2018-09-05

灰蝶科
Lycaenidae

♂正　　　　　　　♂反

1cm

浙江谷甫村　2021-09-15

浙江凤阳山　2019-07-28

灰蝶科 Lycaenidae

171 曲纹紫灰蝶
Chilades pandava (Horsfield, [1829])

♀正　　　　　　　　　♀反

1cm

浙江丽水市　2018-08-20

♂正　　　　　　　　　♂反

1cm

浙江丽水市　2018-08-20

五、弄蝶科 Hesperiidae

【鉴别特征】成虫体型为中型或小型，颜色斑纹较为暗淡，少数具黄色或白色斑纹；触角基部相互接近，并通常有黑色毛块，端部略粗，末端弯钩状而尖。世界记载 4 100 余种，中国记载 370 余种，本书记载 29 属 33 种。

【分　　布】全国。

【寄主植物】天南星科 Araceae、豆科 Fabaceae、禾本科 Gramineae、唇形科 Labiatae、蔷薇科 Rosaceae、芸香科 Rutaceae、清风藤科 Sabi-aceae 等。

172. 大暮弄蝶 *Burara miracula* (Evans, 1949)
173. 无趾弄蝶 *Hasora anurade* Nicéville, 1889
174. 绿弄蝶 *Choaspes benjaminii* (Guérin-Ménéville, 1843)
175. 双带弄蝶 *Lobocla bifasciata* (Bremer & Grey, 1853)
176. 斑星弄蝶 *Celaenorrhinus maculosus* C. & R. Felder, [1867]
177. 花窗弄蝶 *Coladenia hoenei* Evans, 1939
178. 幽窗弄蝶 *Coladenia sheila* Evans, 1939
179. 大襟弄蝶 *Pseudocoladenia dea* (Leech, 1892)
180. 梳翅弄蝶 *Ctenoptilum vasava* (Moore, 1865)
181. 裙黑弄蝶 *Tagiades tethys* (Ménétriès, 1857)
182. 白弄蝶 *Abraximorpha davidii* (Mabille, 1876)
183. 中华捷弄蝶 *Gerosis sinica* (C. & R. Felder, 1862)
184. 深山珠弄蝶 *Erynnis montanus* (Bremer, 1861)
185. 花弄蝶 *Pyrgus maculatus* (Bremer & Grey, 1853)
186. 讴弄蝶 *Onryza maga* (Leech, 1890)
187. 钩形黄斑弄蝶 *Ampittia virgata* Leech, 1890
188. 花裙徘弄蝶 *Pedesta submacula* (Leech, 1890)
189. 峨眉酣弄蝶 *Halpe nephele* Leech, 1893

190. 旖弄蝶 *Isoteinon lamprospilus* C. & R. Felder, 1862
191. 腌翅弄蝶 *Astictopterus jama* C. & R. Felder, 1860
192. 姜弄蝶 *Udaspes folus* (Cramer, [1775])
193. 豹弄蝶 *Thymelicus leoninus* (Butler, 1878)
194. 严氏黄室弄蝶 *Potanthus yani* Huang, 2002
195. 孔子黄室弄蝶 *Potanthus confucius* (C. & R. Felder, 1862)
196. 直纹稻弄蝶 *Panara guttata* (Bremer & Grey, 1853)
197. 挂墩稻弄蝶 *Parnara batta* Evans, 1949
198. 白斑赭弄蝶 *Ochlodes subhyalina* (Bremer & Grey, 1853)
199. 黎氏刺胫弄蝶 *Baoris leechii* Elwes & Edwards, 1897
200. 中华谷弄蝶 *Pelopidas sinensis* (Mabille, 1877)
201. 孔弄蝶 *Polytremis lubricans* (Herrich-Schäffer, 1869)
202. 白缨资弄蝶 *Zinaida fukia* Evans, 1940
203. 刺纹资弄蝶 *Zinaida zina* (Evans, 1932)
204. 透纹资弄蝶 *Zinaida pellucida* (Murray, 1875)

172 大暮弄蝶
Burara miracula (Evans, 1949)

♂正　　♂反

1cm

浙江凤阳山　2018-06-15

♂正　　♂反

1cm

浙江凤阳山　2019-06-24

173 无趾弄蝶

Hasora anurade Nicéville, 1889

♂正　♂反

1cm

浙江凤阳山　2018-07-08

♀正　♀反

1cm

浙江凤阳山　2017-07-21

弄蝶科 Hesperiidae

174 绿弄蝶
Choaspes benjaminii (Guérin-Ménéville, 1843)

♂正　　　　　♂反

1cm

浙江天目山　2018-08-10

♂正　　　　　♂反

1cm

浙江百山祖　2021-07-18

弄蝶科　Hesperiidae

♂正　　　　　　　　♂反

1cm

浙江安岱后村　2021-08-25

♂正　　　　　　　　♂反

1cm

浙江谷甫村　2021-09-15

弄蝶科 Hesperiidae

175 双带弄蝶
Lobocla bifasciata (Bremer & Grey, 1853)

♂正

♂反

1cm

浙江四明山　2018-06-03

♀正

♀反

1cm

浙江凤阳山　2018-07-08

弄蝶科 Hesperiidae

176 斑星弄蝶
Celaenorrhinus maculosus **C. & R. Felder, [1867]**

♀正　　　　　　　　　　　　♀反

|← 1cm →|

浙江天目山　2018-08-10

♂正　　　　　　　　　　　　♂反

|← 1cm →|

浙江天目山　2018-08-11

弄蝶科　Hesperiidae

177 花窗弄蝶
Coladenia hoenei Evans, 1939

♂ 正 　　　　　　♂ 反

1cm

浙江天目山　2019-05-24

♂ 正 　　　　　　♂ 反

1cm

浙江天目山　2019-05-24

弄蝶科　Hesperiidae

178 幽窗弄蝶
Coladenia sheila **Evans, 1939**

♀正 ♀反

1cm

浙江天目山　2019-05-02

♂正 ♂反

1cm

浙江天目山　2019-05-02

弄蝶科　Hesperiidae

179 大襟弄蝶
Pseudocoladenia dea (Leech, 1892)

♀正

♀反

1cm

浙江天目山　2018-06-10

♀正

♀反

1cm

浙江天目山　2018-09-05

弄蝶科

Hesperiidae

180 梳翅弄蝶
Ctenoptilum vasava (Moore, 1865)

♂正　　　　　　　　♂反

1cm

浙江天目山　2019-05-01

♀正　　　　　　　　♀反

1cm

浙江天目山　2019-05-02

弄蝶科 Hesperiidae

181 裙黑弄蝶
Tagiades tethys (Ménétriès, 1857)

♀正

♀反

1cm

浙江四明山　2018-04-28

♀正

♀反

1cm

浙江天目山　2019-05-05

♂正　　　　　　　♂反

1cm

浙江天目山　2019-05-05

浙江天目山　2017-05-18

182 白弄蝶
Abraximorpha davidii (Mabille, 1876)

♀正

♀反

1cm

浙江四明山　2018-08-24

♀正

♀反

1cm

浙江九龙山　2019-06-15

弄蝶科 Hesperiidae

♂正   ♂反

1cm

浙江坑口村　2021-09-17

浙江天目山　2017-06-26

弄蝶科 Hesperiidae

183 中华捷弄蝶
Gerosis sinica (C. & R. Felder, 1862)

♀正

♀反

1cm

浙江四明山　2018-09-15

♀正

♀反

1cm

浙江景宁县　2019-06-27

弄蝶科 Hesperiidae

184 深山珠弄蝶
Erynnis montanus (Bremer, 1861)

♀正　　　　　　　♀反

1cm

浙江白云山　2019-03-26

♂正　　　　　　　♂反

1cm

浙江天目山　2018-04-09

弄蝶科 Hesperiidae

185 花弄蝶

Pyrgus maculatus (Bremer & Grey, 1853)

♀正　　　　　　　　　　　　　♀反

1cm

浙江天目山　2018-06-09

浙江天目山　2018-06-03

弄蝶科　Hesperiidae

186 讴弄蝶

***Onryza maga* (Leech, 1890)**

♂正

♂反

1cm

浙江丽水市峰源　2019-04-22

♂正

♂反

1cm

浙江凤阳山　2020-03-25

弄蝶科　Hesperiidae

187 钩形黄斑弄蝶
Ampittia virgata Leech,1890

♂正

♂反

1cm

浙江四明山　2018-07-24

♂正

♂反

1cm

浙江天目山　2019-05-27

弄蝶科

Hesperiidae

188 花裙徘弄蝶
Pedesta submacula (Leech, 1890)

♂正 ♂反

1cm

浙江天目山　2018-05-12

浙江天目山　2018-05-30

弄蝶科 Hesperiidae

189 峨眉酣弄蝶

Halpe nephele Leech, 1893

♀正　　　　　　　　　♀反

1cm

浙江四明山　2018-06-03

♂正　　　　　　　　　♂反

1cm

浙江安岱后村　2021-08-25

190 旖弄蝶

Isoteinon lamprospilus C. & R. Felder, 1862

♀正　　　　　　　　　♀反

1cm

浙江坑口村　2021-09-17

♂正　　　　　　　　　♂反

1cm

浙江四明山　2018-06-03

弄蝶科　Hesperiidae

191 腌翅弄蝶
Astictopterus jama C. & R. Felder, 1860

♀正　　　　　　　　♀反

1cm

浙江凤阳山　2019-04-26

♂正　　　　　　　　♂反

1cm

浙江凤阳山　2019-07-28

192 姜弄蝶
Udaspes folus (Cramer, [1775])

♀正

♀反

1cm

浙江凤阳山　2019-08-17

♀正

♀反

1cm

浙江天目山　2018-07-11

弄蝶科 Hesperiidae

193 豹弄蝶
Thymelicus leoninus (Butler, 1878)

♂ 正　　　　　　　　♂ 反

1cm

浙江天目山　2018-07-12

♂ 正　　　　　　　　♂ 反

1cm

浙江天目山　2018-07-12

弄蝶科
Hesperiidae

194 严氏黄室弄蝶
Potanthus yani Huang, 2002

♀正

♀反

1cm

浙江凤阳山　2018-09-09

♂正

♂反

1cm

浙江坑口村　2021-09-17

弄蝶科 Hesperiidae

♂正　　　　　　♂反

1cm

浙江坑口村　2021-09-17

♂正　　　　　　♂反

1cm

浙江坑口村　2019-09-17

弄蝶科
Hesperiidae

195 孔子黄室弄蝶
Potanthus confucius (C. & R. Felder, 1862)

♀正

♀反

1cm

浙江四明山　2018-06-03

♂正

♂反

1cm

浙江四明山　2018-06-03

弄蝶科　Hesperiidae

196 直纹稻弄蝶
Panara guttata (Bremer & Grey, 1853)

♂ 正　　　　　♂ 反

1cm

浙江天目山　2019-05-01

♂ 正　　　　　♂ 反

1cm

浙江天目山　2019-05-02

弄蝶科 Hesperiidae

197 挂墩稻弄蝶
Parnara batta Evans, 1949

♂ 正

♂ 反

1cm

浙江四明山　2018-07-24

♂ 正

♂ 反

1cm

浙江四明山　2018-08-24

弄蝶科　Hesperiidae

198 白斑赭弄蝶
Ochlodes subhyalina (Bremer & Grey, 1853)

♂ 正　　　　♂ 反

1cm

浙江四明山　2018-06-02

♂ 正　　　　♂ 反

1cm

浙江四明山　2018-06-03

弄蝶科 Hesperiidae

199 黎氏刺胫弄蝶
Baoris leechii Elwes & Edwards, 1897

♂正

♂反

1cm

浙江天目山 2019-04-25

♀正

♀反

1cm

浙江天目山 2019-05-05

弄蝶科 Hesperiidae

200 中华谷弄蝶
Pelopidas sinensis (Mabille, 1877)

浙江天目山　2018-04-20

浙江天目山　2019-08-18

弄蝶科
Hesperiidae

201 孔弄蝶
Polytremis lubricans (Herrich-Schäffer, 1869)

♂正

♂反

1cm

浙江仙源村　2021-08-24

♂正

♂反

1cm

浙江仙源村　2021-08-24

弄蝶科　Hesperiidae

202 白缨资弄蝶
Zinaida fukia Evans, 1940

♀正　　　　　　　♀反

1cm

浙江天目山　2018-05-26

♂正　　　　　　　♂反

1cm

浙江天目山　2018-08-10

♂正　　　　　　　　　♂反

1cm

浙江凤阳山　2018-09-09

浙江凤阳山　2019-09-24

弄蝶科　Hesperiidae

203 刺纹资弄蝶
Zinaida zina (Evans, 1932)

♂正　　　　　　♂反

1cm

浙江凤阳山　2017-08-12

浙江凤阳山　2017-08-12

弄蝶科 Hesperiidae

204 透纹资弄蝶
Zinaida pellucida (Murray, 1875)

♂正

♂反

1cm

浙江四明山　2018-08-24

♀正

♀反

1cm

浙江凤阳山　2018-05-15

弄蝶科　Hesperiidae

参考文献

陈志兵，朱建清，毛巍伟，等，2018.上海蝴蝶［M］.上海：上海教育出版社．

李泽建，刘玲娟，刘萌萌，等．2020.百山祖国家公园蝴蝶图鉴（第 I 卷）［M］.北京：中国农业科学技术出版社．

李泽建，赵明水，刘萌萌，等．2019.浙江天目山蝴蝶图鉴［M］.北京：中国农业科学技术出版社．

童雪松，1993.浙江蝶类志［M］.杭州：浙江科学技术出版社．

武春生，徐堉峰，2017.中国蝴蝶图鉴［M］.福州：海峡书局．

徐俊，贾凤海，胡少昌，2019.江西庐山蝶类志［M］.南昌：江西科学技术出版社．

张松奎，张花青，2018.南京蝴蝶生态图鉴［M］.南京：南京师范大学出版社．

诸立新，董艳，朱太平，等，2019.天柱山蝴蝶［M］.合肥：中国科学技术大学出版社．

诸立新，刘子豪，虞磊，等，2017.安徽蝴蝶志［M］.合肥：中国科学技术大学出版社．

中文学名索引

拉丁学名索引